U0305549

咕咕！咕咕！鸡蛋是我下的哟！

桂图登字：20-2019-044

Copyright 2019 by Editions Nathan, SEJER, Paris-France
Original edition: LA SCIENCE EST DANS L'OEUF
by Cécile Jugla & Jack Guichard & Laurent Simon

图书在版编目（CIP）数据

鸡蛋 /（法）西西里·雨果拉，（法）杰克·吉夏尔著；（法）罗朗·西蒙绘；曹杨译 . — 南宁：接力出版社，2021.3
（万物里的科学）
ISBN 978-7-5448-7021-4

Ⅰ . ①鸡…　Ⅱ . ①西…②杰…③罗…④曹…　Ⅲ . ①科学实验－儿童读物　Ⅳ . ① N33-49

中国版本图书馆 CIP 数据核字（2021）第 015774 号

责任编辑：郝　娜　陈潇潇　　美术编辑：王　辉
责任校对：张琦锋　　责任监印：史　敬　　版权联络：闫安琪
社长：黄　俭　　总编辑：白　冰
出版发行：接力出版社　　社址：广西南宁市园湖南路 9 号　　邮编：530022
电话：010-65546561（发行部）　　传真：010-65545210（发行部）　　http://www.jielibj.com
E-mail:jieli@jielibook.com　　印制：北京富诚彩色印刷有限公司　　开本：889 毫米 ×1194 毫米　　1/16
印张：2　　字数：30 千字　　版次：2021 年 3 月第 1 版　　印次：2021 年 3 月第 1 次印刷
印数：00 001—12 000 册　　定价：36.00 元

万物里的科学

鸡蛋
JIDAN

[法]西西里·雨果拉 [法]杰克·吉夏尔 著

[法]罗朗·西蒙 绘 曹杨 译 付强 审订

接力出版社
Publishing House

目录

认识鸡蛋

从冰箱里拿出鸡蛋，仔细观察它。

它是什么形状的？

正方形　　圆形　　椭圆形　　三角形　　难以形容的形状！

答案：椭圆形

它是什么颜色的？

米色　　绿色带黄点　　紫色　　黑白条纹　　白色　　深栗色

答案：米色、白色或者深栗色

它的重量相当于：

一杯酸奶　　一个小猕猴桃　　一瓶水

答案：一个小猕猴桃

鸡蛋的颜色取决于母鸡的品种和饮食：有些鸡蛋是蓝绿色的哟！

法国的鸡蛋上会印上这些数字和字母，你知道它们分别是什么意思吗？

看到了吧？编码中的第一个数字代表母鸡的饲养条件。

0 和 1：饲养条件不错、相对自由

2 和 3：饲养条件不太好、关笼饲养

PONDU LE：生产日期

DCR：建议此日期前食用

1 FR MRX 03
PONDU LE 01/07
DCR 28/07

蛋壳是：

硬硬的

光滑的

软软的

黏黏的

毛茸茸的

干干的

长有小疙瘩的

脏兮兮的、粘着麦秆

你能把鸡蛋立起来吗？

太棒啦，你已经初步认识了鸡蛋。现在，快翻到下一页，去进一步了解它吧！

看看鸡蛋里面的模样

把你的鸡蛋打进盘子里。

拽拽这层薄膜，很有意思哟！

戳破气囊时，里面的空气会跑出来……

扑哧！

难以置信！
想要母鸡下出蛋壳坚硬的鸡蛋，可以喂它们吃捣碎的牡蛎壳。

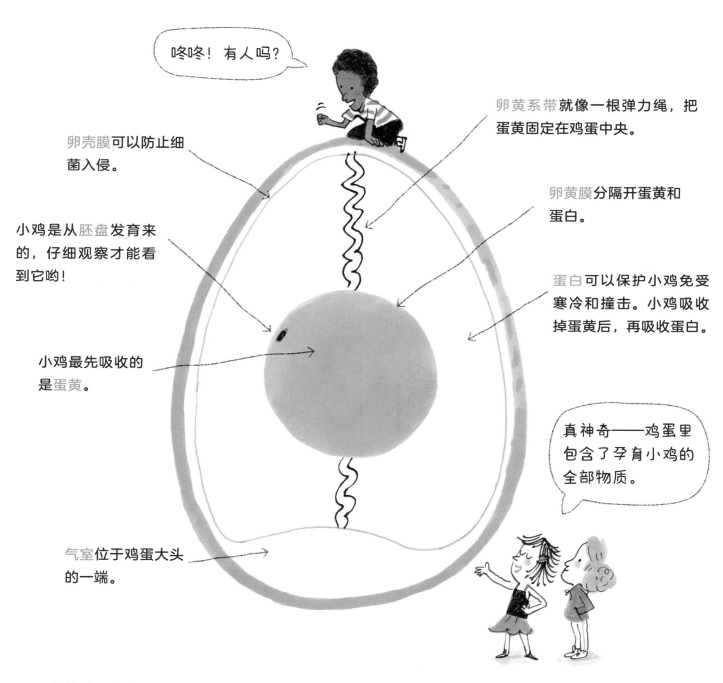

咚咚！有人吗？

卵壳膜可以防止细菌入侵。

卵黄系带就像一根弹力绳，把蛋黄固定在鸡蛋中央。

卵黄膜分隔开蛋黄和蛋白。

小鸡是从胚盘发育来的，仔细观察才能看到它哟！

蛋白可以保护小鸡免受寒冷和撞击。小鸡吸收掉蛋黄后，再吸收蛋白。

小鸡最先吸收的是蛋黄。

真神奇——鸡蛋里包含了孕育小鸡的全部物质。

气室位于鸡蛋大头的一端。

你的鸡蛋来自没有公鸡的饲养环境，所以它不会孵出小鸡！

真棒！你已经完全了解鸡蛋的内部结构啦！

7

测试鸡蛋的坚固性

我剪掉鸡蛋盒里的两个小锥体。

咔嚓！

蛋壳为什么没碎

蛋壳很轻：相当于一个糖块的重量。

外力

蛋壳的主要成分是碳酸钙。一个个小碳酸钙晶体彼此相连，形成了圆拱形的蛋壳。

接着，轻轻在上面放一本、两本、三本……十五本书。

哇，太神奇了，鸡蛋竟然没有碎！

难以置信！
一个体重 117 公斤的人，在鸡蛋上行走，居然没有踩碎一个蛋壳。

我再拿些书过来？

这些圆拱就像桥拱一样：正是由于桥拱的坚固结构，拱桥才可以承托其顶部的重量。

你已经发现了椭圆形物品承重的奥秘，真是个小天才！

9

10

空气真的可以穿过蛋壳吗？

拿一个生鸡蛋……

用勺子把它放进热水里。

呀，鸡蛋的大头端出现了好多气泡！

这是从气室里跑出来的气泡。

为什么气泡会从气室里跑出来？

因为热！空气受热膨胀，需要占据更大的空间，于是纷纷钻出了蛋壳的孔洞。

小小实验王，你已经测试了蛋壳的透气性！

你的鸡蛋新鲜吗？

不新鲜的鸡蛋为什么会浮在水面上 ？

随着时间的推移，蛋白会逐渐流失水分，体积慢慢变小，气室的体积也就随之增大了。

气室越大，大头端也就越轻，鸡蛋就会慢慢立起来。

当气室过大时，鸡蛋就会变得比水还轻，最终浮在水面上。

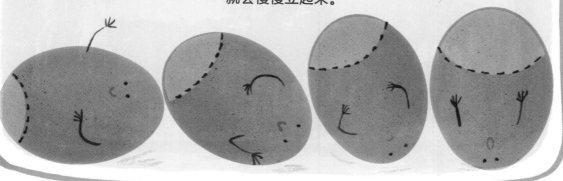

 不新鲜的鸡蛋会浮在水面上是因为它所受的浮力大于重力，你已经彻底掌握阿基米德浮力定律啦！

煮熟鸡蛋

我把三个鸡蛋放进沸水锅里。

我呢，打开定时器。

3分钟：带壳半生水煮蛋

蛋黄和蛋白都还是液体。

鸡蛋是怎样煮熟的？

蛋白内含有大量水分，在常温状态下呈**液态**。除了水分外，蛋白内也含有缩成团状的其他物质。

我们胜利啦！

随着温度的升高，这些物质舒展开来，形成一张大网锁住了水分。蛋白就这样变成了**固态**，或者说是熟了。

5分钟：溏心蛋

蛋黄呈液体状，蛋白是熟的。

10分钟：全熟鸡蛋

蛋黄和蛋白都熟了。

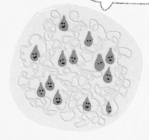

做人急不得！

蛋黄变熟只不过是需要更多的时间而已！

在高温作用下，鸡蛋从液态变成固态的原理，你已经弄明白啦。祝贺你！

让鸡蛋跳舞

用指尖分别转动一枚生鸡蛋和一枚熟鸡蛋。

开始旋转！

我转得很慢！

我嘛，转得特别快！

生鸡蛋：液态蛋白和液态蛋黄减缓了它的转速。

熟鸡蛋：煮熟的蛋白和蛋黄形成了一个整体，不会抑制它旋转！

为了让鸡蛋更好地旋转，不要铺桌布。

用手指轻轻触碰鸡蛋，好让它停下舞步。

我停不下来。

我嘛，马上就停下了。

当我们触碰生鸡蛋的蛋壳时，里面不停旋转的液体仍会带动蛋壳继续旋转：这是惯性的作用！

当我们触碰熟鸡蛋的蛋壳时，蛋黄和蛋白形成的整体由于"紧贴"在蛋壳上，马上就停止了转动。

华尔兹高手，你已经发现了惯性的作用。真棒！

让蛋壳消失

把你的鸡蛋放进杯子里。

倒入白醋淹没鸡蛋。

蛋壳周围出现了气泡。

我们是二氧化碳气体形成的气泡。

为什么会有气泡 ？

和粉笔一样，蛋壳的主要成分是碳酸钙。醋里的酸性物质可以溶解蛋壳里的碳酸钙。两者相遇会发生化学反应，生成二氧化碳气泡。

24小时后，你的鸡蛋变成了什么模样 ？

蛋壳不见了；鸡蛋变得软软的，比带壳时大了一圈，好像"喝"了醋似的。

> 天哪，我什么都没穿！

> 这家伙竟然不难为情！

包裹鸡蛋的卵壳膜既坚固又有弹性。

让你的鸡蛋跳起来！

> 啦啦啦，你跳不起来！

当心哟！从20厘米以上的地方落下时，你的鸡蛋会摔得粉碎。

> 吧嗒！

> 哈哈哈！

 完美！作为一名出色的化学家，你完成了碳酸钙分解实验。

把鸡蛋塞进瓶子里

在沙拉碗里倒满热水。

准备一个空玻璃瓶，把你的鸡蛋剥掉壳后放在瓶口上。

瓶口稍小于鸡蛋

呀，呀，鸡蛋跳起来啦。真有意思！

鸡蛋为什么会跳起来 ?

受热时，瓶子里的空气膨胀：空气分子占据了更多的空间，把鸡蛋顶了起来！

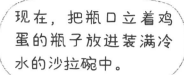

现在，把瓶口立着鸡蛋的瓶子放进装满冷水的沙拉碗中。

难以置信：鸡蛋掉进了瓶子里！

再说件小事

如果想取出鸡蛋，可以找个大人把瓶子倒转过来，在热水下冲一会儿。

鸡蛋为什么会掉下去 ？

受冷时，瓶子里的空气发生收缩：空气分子之间变得紧凑，占据的空间随之减小。由于自身的椭圆形状和弹性，鸡蛋滑进了瓶子里。

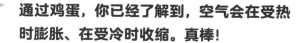

通过鸡蛋，你已经了解到，空气会在受热时膨胀、在受冷时收缩。真棒！

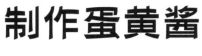

制作蛋黄酱

取一枚鸡蛋的蛋黄，加入一汤匙黄芥末酱，少许醋、食盐和胡椒粉。

胡椒粉

食盐

醋

保留蛋白，做后面的实验。

蛋黄

鸡蛋是常温的。

黄芥末酱

再说件小事

轻松分离蛋黄和蛋白！

取一个塑料空瓶，挤压瓶身排出里面的空气。

把瓶嘴放在蛋黄上方，轻轻松手，瓶子会吸入蛋黄。

取一个盘子，瓶口向下对准盘子，挤压瓶身，蛋黄就会掉进盘子里。

接着，慢慢倒入食用油。

食用油

同时用打蛋器用力搅拌，直至搅拌成奶油状。

水和油之间发生了什么 ？

一般情况下，当我们把水和油混合到一起时，油会很快浮起来，最后漂在水面上。水油混合物是一种不稳定乳浊液。

来呀，水和油，来个拥抱吧！

制作蛋黄酱时，蛋黄里的物质使油和水（蛋黄、黄芥末酱、醋中的水）聚合到一起，这时的油和水就形成了一种稳定性乳浊液。

你已经完全掌握了乳浊液的秘密，太厉害啦！

打发蛋白

用打蛋器搅拌三四枚鸡蛋的蛋白：蛋白膨胀起来啦！

蛋白为什么会发生变化？

当我们搅拌蛋白时，空气泡泡会溜进去。泡泡挤占了空间，蛋白便膨胀起来。

这里可真棒！

如果我们继续搅拌，空气泡泡就会变得越来越小，并被硬化的蛋白锁住。

再说件小事

在打发的蛋白里加入糖。把蛋白分成小块，放进烤箱里加热。水分蒸发后，蛋白凝固，烤蛋白就可以出炉啦！

在搅拌蛋白的过程中，你成功测试了空气所扮演的角色。真是个小小科学家！